María Teresa Sepúlveda Angulo
Myrna Sabanero L.
Lérida Liss Flores V.

Efecto de Antidepresivos sobre el Citoesqueleto Neuronal

María Teresa Sepúlveda Angulo
Myrna Sabanero L.
Lérida Liss Flores V.

Efecto de Antidepresivos sobre el Citoesqueleto Neuronal

Efectos Morfológicos y Bioquímicos

Editorial Académica Española

Imprint

Any brand names and product names mentioned in this book are subject to trademark, brand or patent protection and are trademarks or registered trademarks of their respective holders. The use of brand names, product names, common names, trade names, product descriptions etc. even without a particular marking in this work is in no way to be construed to mean that such names may be regarded as unrestricted in respect of trademark and brand protection legislation and could thus be used by anyone.

Cover image: www.ingimage.com

Publisher:
Editorial Académica Española
is a trademark of
International Book Market Service Ltd., member of OmniScriptum Publishing Group
17 Meldrum Street, Beau Bassin 71504, Mauritius

ISBN: 978-3-659-07365-6

Copyright © María Teresa Sepúlveda Angulo, Myrna Sabanero L., Lérida Liss Flores V.
Copyright © 2013 International Book Market Service Ltd., member of OmniScriptum Publishing Group

EFECTO DE ANTIDEPRESIVOS SOBRE EL CITOESQUELETO NEURONAL

Dra. Myrna Sabanero López[1]

Dra. María Teresa Sepúlveda Angulo[1]

Dra. Gloria Barbosa Sabanero[2]

MC. Lérida Liss Flores Villavicencio[1]

[1] Departamento de Biología. División de Ciencias Naturales y Exactas de la Universidad de Guanajuato. Campus Guanajuato. Laboratorio de Biología Celular, Edificio "K", Colonia Noria Alta C.P. 36050. myrna.sabanero@gmail.com, etualmer@yahoo.com

[2] Departamento de Ciencias Médicas. División de Ciencias de la Salud. Universidad de Guanajuato. Campus León. Calle 20 de Enero No. 929 Col. Obregón. León, Gto. México. CP. 37040.

EFECTO DE ANTIDEPRESIVOS SOBRE EL CITOESQUELETO NEURONAL

Índice

RESUMEN.. 3

I. INTRODUCCIÓN.. 5
    I.1 Origen de la Depresión................................... 5
    I.2 Neurobiología de la Depresión........................ 7
    I.3 Tratamiento de la Depresión........................... 9
    I.4 Citoesqueleto y Depresión.............................. 13

II. ASPECTOS EXPERIMENTALES DE FÁRMACOS ANTIDEPRESIVOS... 16

III. EFECTOS DE ANTIDEPRESIVOS SOBRE LAS CÉLULAS NEURONALES..................................... 17
    III.1. Nivel Bioquímico: Proteínas totales e Inmunodetección de β-Tubulina..................... 17
    III.2. Nivel Estructural: Análisis del citoesqueleto y núcleos de células neuronales...................... 19

IV. DISCUSIÓN.. 28

V. CONCLUSIONES Y PERSPECTIVAS.................... 33

VI. REFERENCIAS... 35

RESUMEN

El Desorden Depresivo Mayor (Depresión) es una alteración del sistema nervioso central caracterizado por la culminación de cambios profundos en el estado de ánimo y la regulación afectiva. Su régimen de tratamiento actual involucra la administración de inhibidores selectivos de la recaptura de serotonina como la Fluoxetina y la Venlafaxina. Recientemente, se presenta un debate considerable respecto a la efectividad de diversos fármacos incluidos los antidepresivos y sus potenciales efectos adversos sobre la arquitectura y la función neuronal. En este estudio, neuronas en cultivo fueron expuestas a Fluoxetina (25 y 50μg/mL) y Venlafaxina (19.5 y 37μg/mL). Posterior al tratamiento, se evaluó la adhesión celular y el perfil electroforético de proteínas totales de las neuronas expuestas y comparadas con el control. Además, se estudió la estructura del citoesqueleto neuronal y la expresión de Tubulina. Los resultados demuestran que la exposición a los fármacos, tanto Venlafaxina como Fluoxetina, inducen cambios morfológicos tiempo y concentración dependientes que consistieron en la retracción de los procesos neuronales. Cuantitativamente, el efecto de los fármacos fue analizado examinando el parámetro de adhesión celular, donde la Fluoxetina actuó modificando más la adhesión celular (43.3%). Los resultados de inmunohistoquímica e inmunodetección revelaron alteraciones severas de los microtúbulos en las neuronas tratadas con uno u otro fármaco. Nuestros resultados alertan sobre los efectos adversos alarmantes de estos antidepresivos sobre la morfología de las neuronas, además, podrían verse también afectadas las sinapsis, lo cual contribuiría a agravar aún más el efecto. Estudios posteriores deberán ser encaminados a la evaluación de la posible reversibilidad de estos efectos y poder contribuir al desarrollo de tratamientos fundamentalmente novedosos como aquellos que involucren terapias conductuales con enriquecimiento ambiental.

PALABRAS CLAVE

Estrés farmacológico, neuronas, antidepresivos.

EFECTO DE ANTIDEPRESIVOS SOBRE EL CITOESQUELETO NEURONAL

I. INTRODUCCIÓN

I.1 Origen de la Depresión

La depresión se clasifica, de acuerdo con el *Manual diagnóstico y estadístico de los trastornos mentales* (DSM-IV) como un trastorno del estado de ánimo que afecta a varios componentes del individuo. Dentro de sus síntomas se encuentran sentimientos profundos de tristeza y desesperación, lentitud de las funciones mentales, entre otros (Gelenberg, 2010, DSM-IV).

Los síntomas centrales incluyen pesimismo, anhedonia (capacidad reducida para experimentar placer de recompensa naturales), irritabilidad, dificultades para concentrarse y anormalidades en el apetito y el sueño, a los que se les llama: síntomas neurovegetativos, (Nestler *et al.*, 2002). Además de la mortalidad asociada con el suicidio, es más probable que los pacientes depresivos desarrollen enfermedad arterial coronaria y diabetes tipo 2 (Knol *et al.*, 2006; Castillo-Quan *et al.*, 2010). La depresión también complica el pronóstico de un paciente de otras condiciones médicas (Evans *et al.*, 2005; Gildengers *et al.*, 2008). La naturaleza de deterioro crónico de la depresión contribuye sustancialmente a la carga global de la enfermedad y la discapacidad.

A pesar de la prevalencia de la depresión y su considerable impacto, el conocimiento de su patofisiología es rudimentariamente comparada con el conocimiento de otras condiciones multifactoriales comunes crónicas y potencialmente fatales, tales como la DMT2 (Vaishnav & Nestler, 2008).

La mayoría de las depresiones ocurre idiopáticamente, y el conocimiento limitado de su etiología se refleja como una lista de factores de riesgo, tales como eventos estresantes en la vida, anormalidades endócrinas (hipotiroidismo e hipercortisolismo), cánceres (tales como el adenocarcinoma pancreático y tumores mamarios) y efectos adversos de medicamentos (p.e. la isotretinoina para el acné, y el interferon-α para la hepatitis C), entre muchos otros (Nestler *et al.*, 2002; Evans *et al.*, 2005; Drevets, 2001). Los estudios de asociación genética no han descubierto fuertes y consistentes modificadores de riesgo genético (López-Léon *et al.*, 2007), tal vez debido a su absoluta heterogeneidad de los síntomas depresivos (Nestler *et al.*, 2002; Rush, 2007). Así, "genes depresivos" genuinos, los cuales pueden ser utilizados para generar modelos de depresión en ratones (p.e. aquellos para el síndrome de Rett o la enfermedad familiar de Alzheimer), no han sido identificados aún. Las predisposiciones genéticas se piensa que interactúan con los factores de riesgo ambientales, tales como eventos en la vida estresantes, los cuales pueden iniciar episodios depresivos en algunos pacientes (*Kendler,* Karkowski & Prescott, 1999). Aún la tendencia de vivir en ambientes altamente estresantes puede ser en parte heredable (como es el caso de los buscadores de sensaciones o riesgos), que enfatizan la fuerte contribución genética a episodios depresivos "inducidos ambientalmente" (Mill & Petronis, 2007).

El diagnóstico oficial de la depresión es subjetivo y descansa sobre la documentación de cierto número de síntomas que alteran significativamente el funcionamiento por cierto tiempo (Nestler *et al.*, 2002). Estos criterios de diagnóstico se sobreponen con otras condiciones tales como los desórdenes de ansiedad, los cuales tienen cierta co-morbilidad con la depresión (Ressler & Mayberg, 2007; Hasler & Northoff, 2011). Por ello. 2 pacientes "deprimidos" pueden tener un sólo síntoma en común (Drevets, 2001), y un episodio maniático en un solo paciente inclusive en etapas avanzadas de su vida, cambia el diagnóstico hacia desorden bipolar, el cual es presumiblemente una entidad patofisiológica distinta. Este diagnóstico basado en síntomas posee obstáculos obvios para la interpretación de estudios de asociación genética general, así como los estudios de neuroimagen e investigaciones post-mortem (Vaishnav & Nestler, 2008).

I.2 Neurobiología de la Depresión

Actualmente se ha avanzado en el conocimiento de los mecanismos moleculares y neurales de la depresión (Vaishnav & Nestler, 2008). Identificándose diversas regiones y circuitos cerebrales que regulan la emoción, la recompensa y la función ejecutiva, y los cambios disfuncionales dentro de estas regiones límbicas estrechamente interconectadas han sido implicadas en la depresión y en la acción antidepresiva (Berton & Nestler, 2006). Diversas regiones cerebrales están implicadas en la patofisiología de la depresión, ya que la estimulación cerebral profunda de la corteza subgenual cingulada (Cg25) o del núcleo accumens (NAc) tiene un efecto antidepresivo sobre individuos quienes tiene tratamiento resistente a la depresión (Mayberg *et al.*, 2005; Schaepfer *et al.*, 2008). Este efecto se piensa que es mediado por la inhibición de la actividad de estas regiones ya sea por bloqueo de la despolarización o por estimulación de fibras axonales que pasan. Además, la liberación dependiente de la actividad del factor neurotrófico derivado del cerebro (BNDF) dentro del circuito de la dopamina mesolímbico (area tegmental ventral productora de dopamina (VTA) a NAc sensible a dopamina) media la suceptibilidad al estrés social, probablemente que ocurre en parte a través de la activación del factor de transcripción CREB (proteína que une al elemento de respuesta AMPc) por fosforilación (Carlezon, Duman & Nestler, 2005; Nestler & Carlezon, 2006). Estudios de neuroimagen implican fuertemente a la amígdala como un importante nodo límbico para el procesamiento emocional saliente, tales como rostro aterrador (Drevets, 2001). El estrés disminuye la concentración de neurotrofinas (tales como el BNDF), la amplitud de la neurogénesis y la complejidad de los procesos neurales en el hipocampo (HP), los efectos que son mediados en parte a través de concentraciones aumentadas de cortisol y actividad disminuida de CREB (Nestler *et al.*, 2002). Las hormonas liberadas periféricamente además del cortisol, tales como la grelina (Lutter *et al.*, 2008) y la leptina (Lu *et al.*, 2006), producen cambios relacionados con el humor por medio de sus efectos sobre el hipotálamo (HYP) y diversas regiones límbicas (p.e. el hipocampo, VTA, y NAc), DR, dorsal raphe, LC, locus coeruleus, PFC, corteza prefrontal.

I.3 Tratamiento de la Depresión

La depresión es una enfermedad mental caracterizada, en el inicio de su estudio como un desequilibrio bioquímico del cerebro (Berton & Nestler, 2006; Pitternger & Duman, 2008), sin embargo investigaciones recientes sugieren además cambios morfológicos y estructurales a través del sistema límbico (Czéh y Simon, 2005). La "Hipótesis de las monoaminas" de la depresión, señala que la es causada por una función disminuida de monoaminas en el cerebro (Davison, 2000), originado de observaciones clínicas previas (Berton & Nestler, 2006; Pitternger & Duman, 2008). Dos compuestos no relacionados estructuralmente desarrollados de condiciones no psiquiátricas, llamadas ipronazida e imipramina, tienen efectos antidepresivos potentes en humanos y después mostraron mejorar la transmisión central de noradrenanila y serotonina. La reserpina, y un antihipertensivo viejo que repleta los almacenes de monoaminas, produce síntomas depresivos en un subconjunto de pacientes. Los agentes antidepresivos actuales ofrecen mejores índices terapéuticos menores de efectos adversos para la mayoría de los pacientes, pero están aún diseñados para incrementar la transmisión de monoaminas (Berton & Nestler, 2006) ya sea por la inhibición de recaptura neuronal (p.e. los inhibidores selectivos de la recaptura de serotonina, SSRI´s) tales como la **fluoxetina** y **venlafaxina**) o inhibiendo su degradación (p.e. inhibidores de la monoamino oxidasa como la traycipromina). Aunque estos agentes base-monoamina son potentes antidepresivos (Trivedi *et al.*, 2006), y las alteraciones en la función monoamina central podrían contribuir de forma marginal a la vulnerabilidad genética, la causa de la depresión está lejos de ser una simple deficiencia central de monoaminas. Los inhibidores de la monoamino oxidasa y los SSIR´s producen aumentos inmediatos en la transmisión monoamino, mientras que sus propiedades mejoradoras de humor requieren semanas de tratamiento. Controversialmente, la depleción experimental de monoaminas puede producir una leve reducción en el estado de ánimo de pacientes deprimidos no medicados, pero tales manipulaciones no alteran el estado de ánimo en controles sanos. Más aún, estudios con modelos murinos de estrés han mostrado que las mejorías en la transmisión de dopamina y noradrenalina pueden tener funciones maladaptativas en desórdenes inducidos por estrés en roedores por incremento de recuerdos o eventos aversivos en la vida (Hu *et al.*, 2007; Krishnav & Nestler, 2008).

Se piensa ahora que el aumento temporal de la cantidad de monoaminas sinápticas inducidas por antidepresivos producen cambios secundarios neuroplásticos que están sobre una larga escala de tiempo y que involucran cambios transcripcionales y trasnacionales que median la plasticidad celular y molecular.

Los antidepresivos basados en monoaminas permanecen en la primera línea del tratamiento para la depresión (Lista-Varela, 2003), pero su efecto terapéutico retardado (cerca del 30%) y su baja velocidad de retraso han alentado la investigación de agentes más efectivos. Los receptores de serotonina involucrados en la acción de los SSRI´s permanece desconocida, aunque los agonistas selectivos del receptos de serotonina 5-HT$_4$ producen rápidos efectos antidepresivos en roedores (3 o 4 días). Los experimentos en ratones deficientes de Glicoproteína-P, una molécula en la BHE que transporta numerosas drogas de regreso al torrente sanguíneo, ha mostrado adversos agentes antidepresivos, que incluyen el SSRI citalopram, son sustratos para la glicoproteína-P. Los polimorfismos humanos en el gen que codifica para la glicoproteína-P alteran significativamente la eficacia antidepresiva en individuos deprimidos, lo que sugiere el valor de esto como un alcance farmacológico al seleccionar agentes antidepresivos.

Las causas que pueden provocar la depresión y la disminución de neurotransmisores pueden ser biológicas, psicológicas o sociales. Pueden ser causas exógenas (fallecimiento de un familiar), o endógenas (mala función de la glándula tiroides) (Davison, 2000).

Ejemplos de fármacos que se prescriben en algunas depresiones son Fluoxetina (Prozac) y Venlafaxina (Effexor). Los cuales, como la mayoría de los medicamentos, presentan efectos secundarios que pueden volverse problemáticos a largo plazo como el aumento de peso y la disfunción sexual (Fuente IMSS). El sólo hecho de administrar Prozac o Effexor inducen estrés farmacológico neuronal, el cual no ha sido estudiado y en este trabajo de investigación se analizará. De tal manera, que con los antecedentes antes mencionados nos preguntamos si es posible inducir cambios estructurales y bioquímicos en neuronas en cultivo tratadas con Venlafaxina y Fluoxetina a dosis altas y bajas. Puesto que la depresión se presenta con alta frecuencia en la población general. Se calcula que el 15-20% de la población mundial ha padecido algún tipo de depresión en alguna etapa de su vida (DSM-IV). Aunque la mayoría de los afectados por la depresión no la reconocen como un mal que debe atenderse, lo cierto es que existe. Sólo en los servicios públicos de salud, en México, se detecta que una de cada 10 personas que solicitan atención médica en las unidades de medicina familiar o en centros de salud sufre este trastorno (Fuente IMSS). En México, al menos el 40% de la población económicamente activa está deprimida, asegura Irma Corday, médico psiquiatra del Hospital de Especialidades del Centro Médico Nacional Siglo XXI del Instituto Mexicano del Seguro Social (IMSS). La depresión es una enfermedad biológicamente determinada que requiere ser tratada farmacológicamente, para lograr la restauración del equilibrio bioquímico del cerebro en el que participan los neurotransmisores serotonina y norepinefrina. Sin embargo se ha comprobado que el uso de medicamentos como la Venlafaxina y la Fluoxetina presentan efectos adversos (Fuente IMSS).

I.4 Citoesqueleto y Depresión

A nivel celular y molecular, se ha descrito a las neuronas con forma asimétrica y un alto grado de polaridad morfofuncional; poseen dos dominios principales: 1) el dominio somatodendrítico, receptor y decodificador de la información entrante, y 2) el dominio axonal, que transmite esa información a las células blanco (Cid-Arregui *et al,* 1995). La organización de los tres componentes principales del citoesqueleto, como los microtúbulos, los microfilamentos y los neurofilamentos, participa en el mantenimiento de la forma asimétrica de las neuronas y en concentrar diferentes elementos estructurales en sitios específicos del citoplasma, de la membrana plasmática o del núcleo (Cid-Arregui *et al,* 1995). Así, la citoarquitectura juega un papel determinante en la formación de neuritas y axones, en el transporte axonal, y en la formación de conos de crecimiento y de dendritas, debido a que son las estructuras especializadas en recibir y transmitir la información (Mattson, 1995; Reinsch, Mitchison y Kirschener, 1991). Los axones están constituidos principalmente por microtúbulos, neurofilamentos y por la proteína tau, misma que se asocia a los microtúbulos para conferirles estabilidad (Cid-Arregui *et al,* 1995). Las dendritas están constituidas por microfilamentos, microtúbulos y por la proteína unida a microtúbulos 2 (MAP2), la cual se encuentra enriquecida en las dendritas y no está presente en los axones, por lo que se ha utilizado como marcador, para la identificación de árboles dendríticos (Luo, 2002). En los axones, la proteína tau está concentrada en gran cantidad y no se encuentra en las dendritas, por lo que se ha utilizado como marcador del dominio axonal (Binder, Frankfurter & Rebhun, 1985). El citoesqueleto también tiene un papel clave en el establecimiento de las conexiones interneuronales y en la formación de las sinapsis. Por lo tanto, el ordenamiento de los diferentes elementos estructurales en la neurona es esencial para el funcionamiento de la liberación de los neurotransmisores (Trifaro y Vitale, 1993), el transporte axoplásmico (Reinsch, Mitchison y Kirschener, 1991), y el reclutamiento de receptores de los neurotransmisores en sitios específicos de la membrana plasmática (Wang y Olsen, 2000), etc.

La disminución en el tamaño del soma neuronal y en las ramificaciones dendríticas, dentro de la complejidad de las espinas dendríticas y en los procesos gliales, explican la reducción en el volumen del hipocampo en pacientes con trastorno depresivo mayor.
Se ha sugerido también que la reducción en el volumen del hipocampo es el resultado de una pérdida en el número de neuronas debido al efecto neurotóxico de los glucocorticoides (Sapolsky *et al*, 1990). En el caso del trastorno depresivo mayor, también se ha observado una disminución de la densidad de neuronas largas en la región prefrontal dorsolateral y orbitofrontal, asociada al incremento de la densidad de neuronas pequeñas (Ajkowska *et al.*, 1999). El citoesqueleto es la

estructura celular que mantiene la forma asimétrica de las neuronas y que constituye los axones y las dendritas, indispensables para la neurotransmisión. Dado que existe disminución del volumen y la densidad neuronal, así como la pérdida de las dendritas y las arborizaciones y espinas dendríticas en los pacientes deprimidos, se podría considerar a la depresión como una enfermedad del neurocitoesqueleto (Jiménez-Rubio et al, 2007). Las alteraciones en el citoesqueleto asociadas a la depresión, se han demostrado en modelos animales (ratas sometidas a nado forzado) en donde el área CA3 y el giro dentado del hipocampo mostraron una reducción significativa en la subunidad ligera de los neurofilamentos (Reines et al., 2004), lo que podría conducir a una alterada arborización dendrítica y revelar anormalidades de la forma de las mismas y tendría a su vez consecuencias en la neurotransmisión. También se ha descrito una disminución en los filamentos intermedios de astrocitos en el cerebelo de pacientes con trastorno depresivo mayor o depresión bipolar. Esto se ha asociado con la disminución en la función glial en este tipo de trastornos (Hossein et al., 2004). También han sido descritas alteraciones en otras proteínas asociadas al citoesqueleto. P.e. decrementos hipocampales de la expresión de sinaptofisina, que es un marcador de la sinapsis y un incremento en la expresión de la proteína 1 asociada a microtúbulos (MAP1), cuya función es estabilizar a los microtúbulos y a los axones, en ratas tratadas con **Venlafaxina** (Xu et al., 2004). La expresión anormal de estas proteínas indica una alteración de las conexiones sinápticas en la depresión y la evidencia en su conjunto sugiere que la depresión puede considerarse como una enfermedad del neurocitoesqueleto (Jiménez-Rubio *et al.*, 2007).

II. ASPECTOS EXPERIMENTALES DE FÁRMACOS ANTIDEPRESIVOS

Los objetivos de la presente investigación fueron: 1) Examinar a nivel neuronal los efectos de fármacos antidepresivos, y 2) Determinar en las estructuras del citoesqueleto y del núcleo neuronal, el efecto de los fármacos antidepresivos. Evaluando si los efectos son dosis y tiempo dependientes, considerando la hipótesis de que Venlafaxina y Fluoxetina son fármacos capaces de inducir cambios estructurales y bioquímicos en las neuronas expuestas a éstos.

En este tipo de investigación se utilizan como modelos biológicos los Cultivos de células neuronales, particularmente, en nuestra investigación se utilizó la línea celular de neuroblastoma humano MNS-SK cultivada en medio D-MEM (GIBCO) suplementado con 5% de suero fetal bovino (GIBCO) y 1% de Antibac-Antifunc (Microlab).

Las células neuronales, durante el crecimiento logarítmico fueron expuestas a los fármacos Fluoxetina y Venlafaxina a diferentes concentraciones (Tabla 1) durante 90 minutos.

Tabla 1. Fármacos y dosis aplicadas a MNS-SK.

Fármaco	Dosis baja (µg/mL)	Dosis alta (µg/mL)
Venlafaxina (Effexor)	19	37.5
Fluoxetina (GI)	25	50

Posteriormente, las preparaciones neuronales expuestas a los fármacos fueron analizadas a nivel bioquímico: el patrón de proteínas y la inmunodetección de β-Tubulina, y a nivel estructural: el análisis del citoesqueleto y de los núcleos, aplicando anticuerpos específicos y sondas fluorescentes (Laemli, 1970, Noriega-Luna et al., 2011).

III. EFECTOS DE ANTIDEPRESIVOS SOBRE LAS CÉLULAS NEURONALES

III.1. Nivel Bioquímico: Proteínas totales e Inmunodetección de β-Tubulina

La figura 1 muestra el patrón de proteínas de las neuronas tratadas con los fármacos antidepresivos (Fig. 1A, carriles 2-5) y las neuronas control no expuestas los fármacos (Fig. 1A, carril 1). Se observa un complejo patrón de expresión de proteínas, algunas de ellas representan proteínas del citoesqueleto (50-45KDa). Una de estas bandas proteicas fue inmunodetectada como β-Tubulina (Fig. 1B).

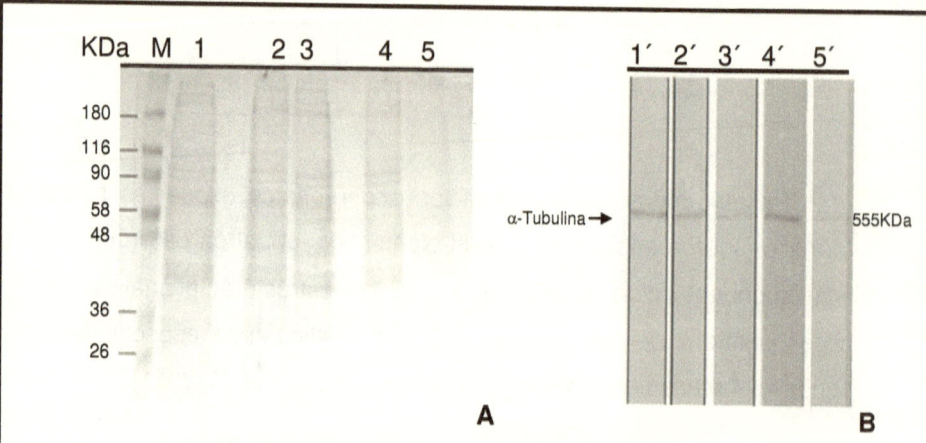

Figura 1. Perfil de proteínas e Inmunodetección de α-Tb, en neuronas expuestas a fármacos antidepresivos. (**A**) Perfil de proteínas totales y (**B**) Inmunoidetección. (M) Marcadores de peso molecular. (1 y 1´) Control, (2 y 2´) Venlafaxina 19mg/mL, (3 y 3´) Venlafaxina 37.5 mg/mL, (4 y 4´) Fluoxetina 25mg/mL, (5 y 5´) Fluoxetina 50mg/mL.

El perfil de proteínas de las neuronas expuestas a los fármacos antidepresivos (Fig. 1A) indica que existe una alteración cualitativa, particularmente en las neuronas tratadas con altas dosis de Fluoxetina (Fig. 1, carril 5). Los perfiles de proteínas de las células expuestas a Venlafaxina (Fig. 1A, carriles 2 y 3) son muy similares a los que presentan las neuronas control (Fig. 1A, carril 1) no expuestas a los fármacos, presentando grupos de péptidos con movilidad relativa de 180-90-36KDa. Uno de estos péptidos fue identificado como α-Tubulina, componente principal en las neuronas (Oakley, 2000). Estos experimentos de inmunodetección de la molécula de tubulina (Fig. 1B) sugieren que las dosis altas, tanto de Venlafaxina como de Fluoxetina, disminuyen la expresión de la α-tubulina (Fig. 1B, carriles 3´ y 5´). En contraste, las neuronas tratadas con concentraciones bajas de Venlafaxina (Fig. 1B, carril 2´), la señal de inmunodetección de α-tubulina, es similar a la que presenta las células control (Fig. 1B, carril 1´). Es necesario realizar otros experimentos, para corroborar esta observación; desconocemos el significado de este resultado, resulta sorprendente, ya que el 40% de la proteína total de las neuronas corresponde a tubulina. Sin embargo, es posible que la dinámica de despolimerización de los microtúbulos se vea también afectada, y con ello la fisiololgía neuronal.

III.2. Nivel Estructural: Análisis del citoesqueleto y núcleos de células neuronales.

El desarrollo neuronal se muestra en la figura 3. Después de 24h de crecimiento (Fig. 2A) las células se observan redondeadas, y no han desarrollado los procesos dendríticos, éstos se manifiestan a las 48h y 72h de crecimiento (Fig. 2B-C).

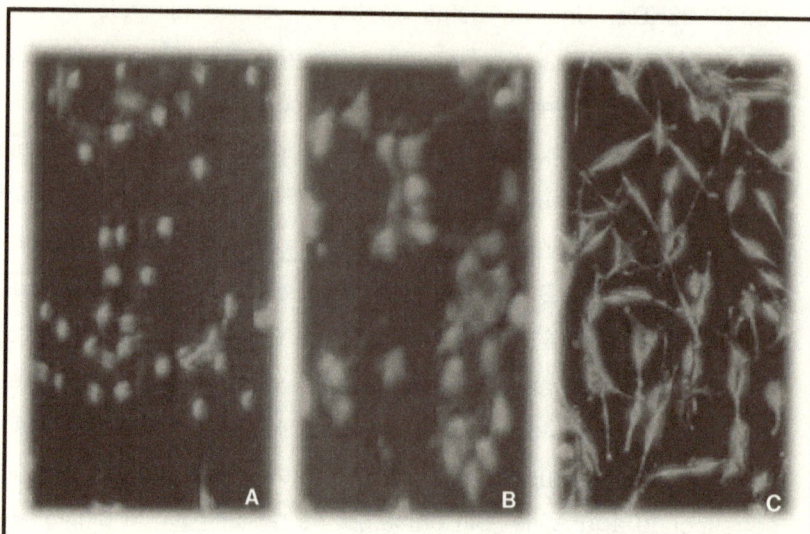

Figura 2. Desarrollo de células neuronales: (A) 24h, (B) 48h y (C) 72h de crecimiento.

A las 72h de crecimiento, las neuronas fueron expuestas a los fármacos por 90 minutos, y evaluadas cada 15 minutos (**Fig. 3-5**).

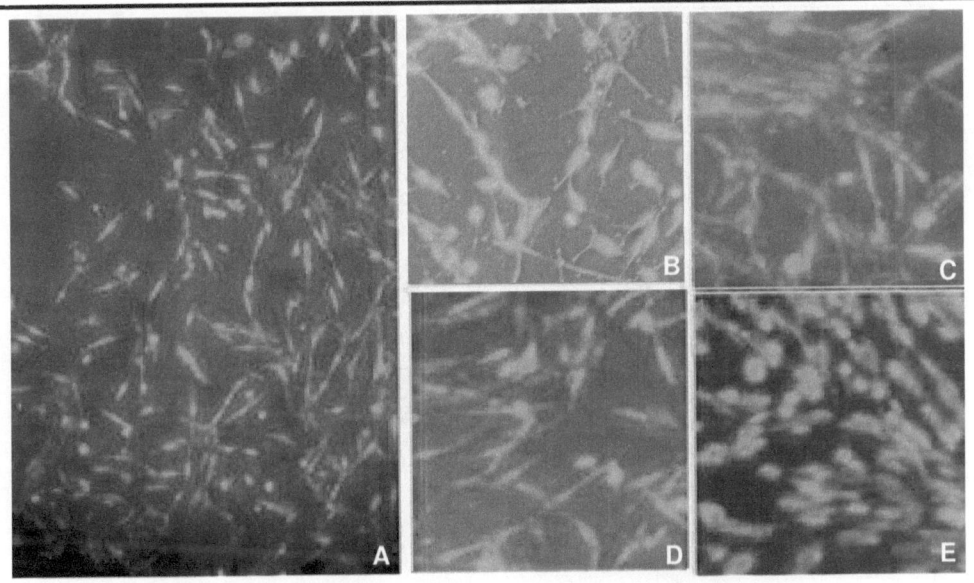

Figura 3. Acción de los fármacos 15 min sobre las neuronas.
(A) Células Control y Células Expuestas: **(B)** Venlafaxina 19 μg/mL
(C) Venlafaxina 37.5 μg/mL, **(D)** Fluoxetina 25 μg/mL y **(E)**
Fluoxetina 50 μg/mL.15 min de exposición a los fármacos.

La figura 4 muestra las células control (A) y la acción de los fármacos a los 15 minutos (B-C). No se observan cambios significativos en la morfología de las células neurona expuestas a dosis bajas de Venlafaxina (B-C) y Fluoxetina (D), sin embargo, la dosis alta de Fluoxetina afecta los procesos neuronales, presentándose un redondeamiento heterogéneo de las células (E).

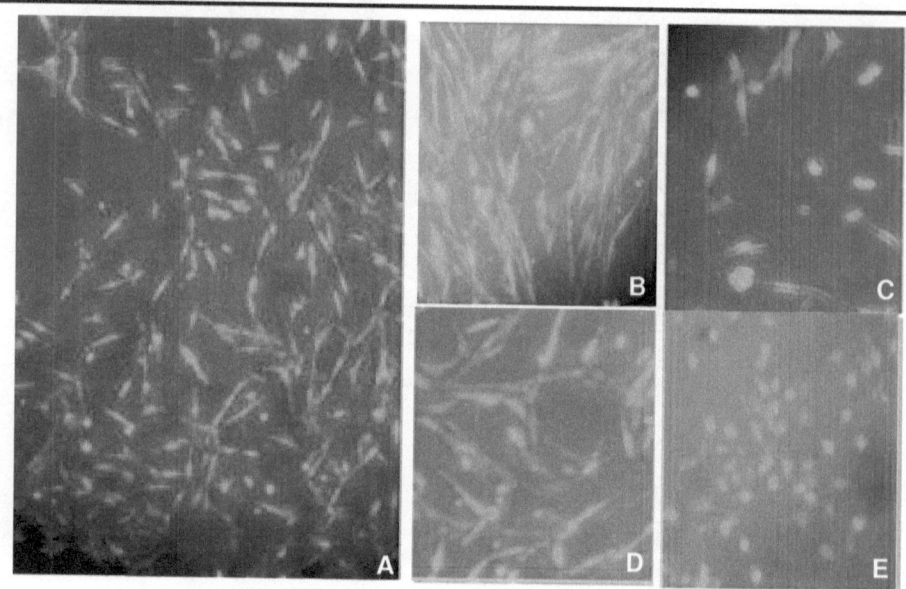

Figura 4. Acción de los fármacos 45 min sobre las neuronas.
(**A**) Células Control y Células Expuestas: (**B**) Venlafaxina 19 µg/mL
(**C**) Venlafaxina 37.5 µg/mL, (**D**) Fluoxetina 25 µg/mL y (**E**)
Fluoxetina 50 µg/mL. 45 min de exposición a los fármacos.

A los 45 minutos de exposición, las modificaciones estructurales son similares que la que se presenta en tiempos cortos de exposición (15 min), comparado con las células control. En contraste, con las dosis altas de Venlafaxina (C) y Fluoxetina (E) son evidentes las alteraciones estructurales. Particularmente, la dosis alta de Fluoxetina (E) presenta mayor alteración morfológica.

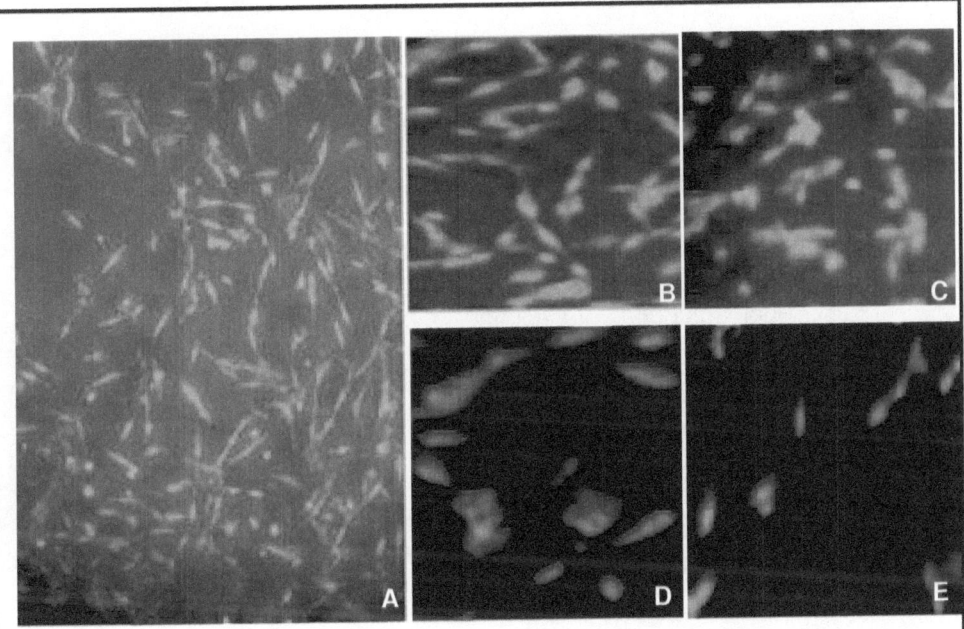

Figura 5. Acción de los fármacos 90 min sobre las neuronas.
(A) Células Control y Células Expuestas: **(B)** Venlafaxina 19 μg/mL
(C) Venlafaxina 37.5 μg/mL, **(D)** Fluoxetina 25 μg/mL y **(E)**
Fluoxetina 50 μg/mL. 90 min de exposición a los fármacos.

Después de los 90 minutos de exposición, las alteraciones morfológicas observadas son más evidentes, particularmente en las neuronas tratadas con altas dosis de Venlafaxina (Fig.5 C) y Fluoxetina (Fig. 5 E).

Los resultados muestran que el efecto es tiempo y concentración dependiente, además se observa que es muy dramático el daño celular con la Fluoxetina (**Fig. 5, E**) con respecto a la Venlafaxina (**Fig. 5, B y C**). Esta es la primera vez que reporta un daño a nivel celular, particularmente la Fluoxetina ó Prozac es ampliamente indicado en las depresiones agudas e incluso es administrado dualmente con fármacos inductores de sueño. Nuestros resultados indican el riesgo a nivel celular que puede presentarse.

Desconocemos si las alteraciones observadas son reversibles y el mecanismo por el cual se inducen, en este sentido, es probable la formación de radicales libres ya que investigaciones previas (Canals *et al.*, 2008) indican que se presenta estrés oxidativo en los procesos patológicos neuronales.

Cuantitativamente el efecto de los fármacos fue analizado examinando el parámetro de adhesión celular (**Gráfica 1**). Los resultados indican nuevamente que el efecto es concentración dependiente y que la Fluoxetina actúa dañando más la adhesión celular (43.3%), esto se traduce a una pérdida de neuronal. Es posible que se afecten proteínas de matriz extracelular, particularmente colágena, fibronectina y/o laminina, alternativamente pueden ser afectadas de la superficie neuronal que participan en la adhesión a las proteínas de matriz extracelular.

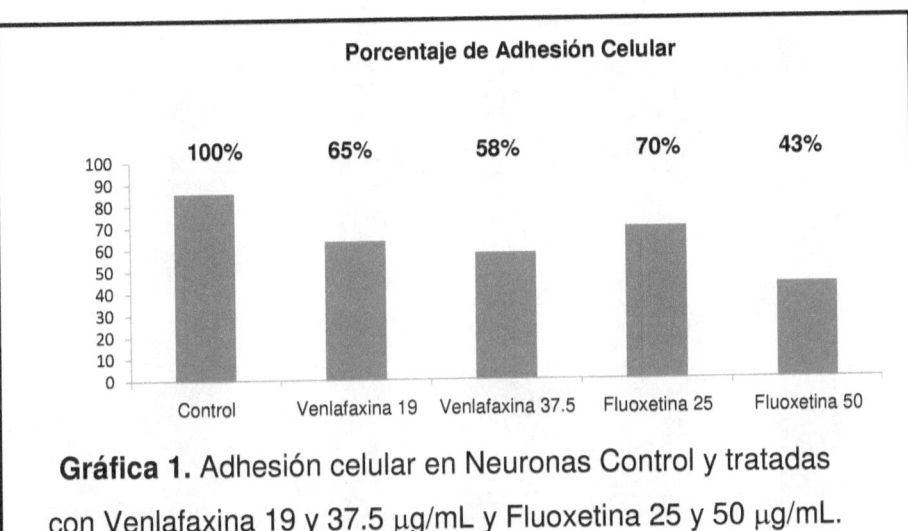

Gráfica 1. Adhesión celular en Neuronas Control y tratadas con Venlafaxina 19 y 37.5 µg/mL y Fluoxetina 25 y 50 µg/mL. 90 min de tratamiento.

En las células expuestas a los fármacos se analizaron las estructuras de microtúbulos (Fig. 6) utilizando anticuerpos específicos y sondas de fluorescencia. Los resultados indican alteraciones severas de los microtúbulos en ambos fármacos. El hecho de encontrar fluorescencia residual indica la presencia de tubulina.

En las neuronas expuestas a los fármacos se analizaron las estructuras de microtúbulos (Fig. 6) y los núcleos (Fig. 7), utilizando anticuerpos específicos y sondas de fluorescencia.

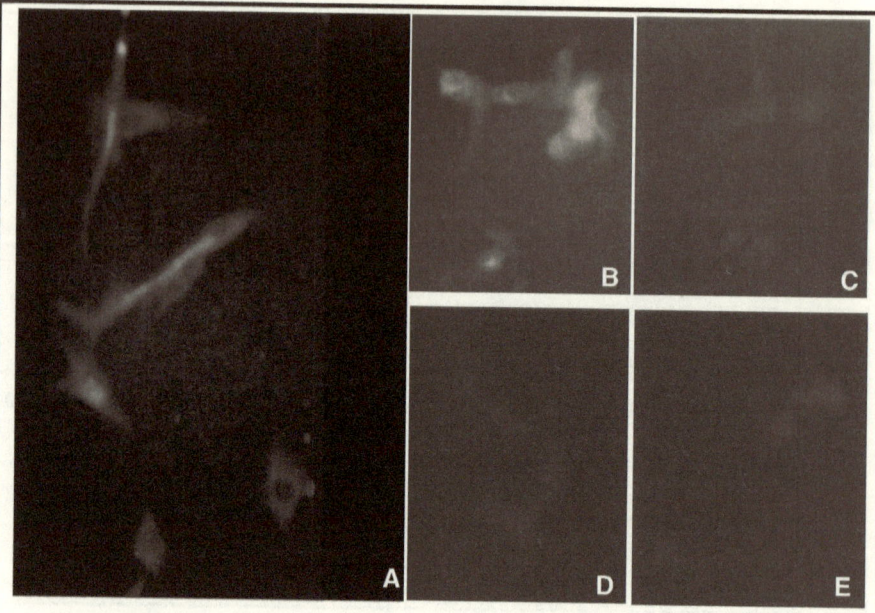

Figura 6. Distribución de los microtúbulos en Células de Neuroblastoma en cultivo. Control (A), Tratadas con (B) Venlafaxina 19 μg/mL (C) Venlafaxina 37.5 μg/mL (D) Fluoxetina 25 μg/mL y (E) Fluoxetina 50 μg/mL.

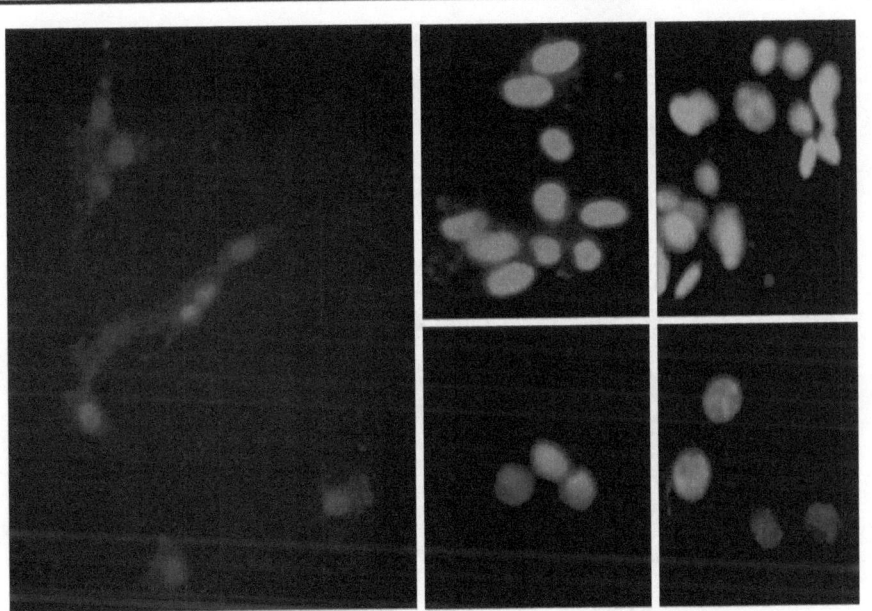

Figura 7. Distribución de los microtúbulos en Células de Neuroblastoma en cultivo. Control (A), Tratadas con (B) Venlafaxina 19 μg/mL (C) Venlafaxina 37.5 μg/mL (D) Fluoxetina 25 μg/mL y (E) Fluoxetina 50 μg/mL.

Los resultados muestran alteraciones severas de los microtúbulos (Fig. 8) y en los núcleos (Fig. 9) de las neuronas tratadas con Venlafaxina (Figs.8 y 9, B y C) o Fluoxetina (Figs. 8 y 9, C y D). Indicando modificaciones estructurales en el ensamble de microtúbulos y cambios en el arreglo de la cromatina que se reflejan como fragmentación de la misma en los núcleos de las neuronas tratadas con dosis alta de Venlafaxina y Fluoxetina (Fig.9, C y E, respectivamente). Estas modificaciones inducidas por la acción de los fármacos, pueden reflejarse en la fisiología neuronal.

IV. DISCUSIÓN

El mecanismo de acción de las drogas antidepresivas está lejos de ser totalmente comprendida. La "hipótesis de la deficiencia de catecolaminas" señala que los desórdenes afectivos como la Depresión se origina por la reducción patológica de los niveles estas moléculas neurotransmisoras en diversas áreas cerebrales (Schildkraut, 1965). Los efectos benéficos del tratamiento antidepresión sobre la recaptura de la serotonina y la dopamina, y los receptores asociados, comienza unas pocas semanas después del inicio de la terapia, lo que pone en duda un simple modo de acción, el cual debería ser más efectivo de forma más rápida. Otras clases de drogas psicotrópicas, como las benzodiacepinas, las cuales interactúan con los receptores de los neurotransmisores también, se vuelven efectivos minutos después de la administración del medicamento. El mecanismo de la latencia terapéutica de las drogas antidepresivas y neurolépticas no está totalmente entendido. Las hipótesis actuales incluyen procesos adaptativos lentos después del rápido acceso a los blancos de los medicamentos (Kornhuber, Retz & Reiderer, 1995).

Los objetivos de la presente investigación fueron examinar a nivel neuronal, los efectos de fármacos antidepresivos, y determinar en las estructuras del citoesqueleto neuronal el efecto de los fármacos antidepresivos. Los resultados indican que los efectos son dosis y tiempo dependientes. La presente investigación, contribuye al conocimiento de la acción de los fármacos a nivel estructural con repercusiones en la fisiología neuronal, que pueden ser mejor comprendidas cuando se estudia la depresión combinando técnicas conductuales, moleculares y electrofisiológicas, que permiten poner de manifiesto aspectos de la patofisiología depresiva, que resultan de cambios neuroplásticos inducidos por el estrés en circuitos neurales específicos (Krishnan, 2008).

Estudios previos (Bal-Klara & Bird, 1990) acerca de los efectos de drogas antidepresivas sobre la morfología y la estructura fina de neuronas y sinapsis en cultivo, indican que la exposición por tiempo prolongado deriva en cambios significativos en la estructura intracelular, que incluyen cambios en la ultraestructura sináptica.

Evaluaciones recientes del efecto del tratamiento de neuronas en cultivo con Fluoxetina sobre la arquitectura neuronal demostraron que suprime el crecimiento neuronal tanto en vertebrados como en invertebrados y que también se ve alterada la formación de sinapsis entre las neuronas (Xu *et al.* 2010).

Aunque la evidencia es escasa e indirecta, existen resultados que indican que el citoesqueleto neuronal es un blanco terapéutico de fármacos utilizados en el tratamiento de la depresión. Nuestros resultados coinciden parcialmente con estudios previos (Jiménez-Rubio *et al,* 2007), realizados en líneas celulares de neuroblastoma, en los que se ha observado que el tratamiento de diferentes concentraciones de fluoxetina, un inhibidor selectivo de la recaptura de serotonina, produce modificaciones en el citoesqueleto en células de neuroblastoma. Este fármaco administrado en dosis bajas, cercanas a las dosis terapéuticas de inicio de tratamiento de la depresión incrementa la formación de neuritas, mientras que en dosis altas produce daño celular, ya que se ha observado retracción celular del citoesqueleto alrededor del núcleo. En este aspecto, nuestros resultados también indican alteración del citoesqueleto, reflejada como una fluorescencia residual cercana al núcleo, además se presenta un cambio en la cromatina nuclear que puede afectar la expresión de moléculas clave para la fisiología neuronal.

En este sentido, el análisis proteómico de neuronas corticales de rata posterior al tratamiento con fluoxetina, permitió la identificación de trece proteínas expresadas diferencialmente. Algunas de ellas fueron identificadas como ciclofilina A, proteína 14-3-3 z/delta y GRP78, proteínas que están involucradas en neuroprotección, biosíntesis de serotonina y transporte axonal, respectivamente (Cecconi, 2008). En nuestro estudio es necesario efectuar más investigación para determinar cuáles proteínas son diferencialmente expresadas en el modelo neuronal bajo tratamiento con fluoxetina.

De manera alternativa se ha propuesto que los fármacos antidepresivos modifican la expresión génica o inducen plasticidad nerviosa por el rearreglo de las conexiones neuronales (Vaidya *et al.*,1999; McEwen & Olie, 2005; Duman, Heninger & Nestler, 1997). Debido a que su formación y modificación dependen de la actividad nerviosa (Carroll & Zukin, 2002), parece probable que los fármacos desencadenan la formación de nuevas redes y el reforzamiento de las ya existentes por el incremento de la exocitosis (Jaffe, 1998).

La Venlafaxina, es un fármaco con la acción farmacológica de inhibir la recaptura de serotonina y norepinefrina en las terminaciones nerviosas, en nuestro estudio muestra en general una alteración del citoesqueleto neuronal. En este contexto, otros investigadores (Xu *et al.*, 2004) han evaluado la respuesta de proteínas relacionadas con el neurocitoesqueleto, tales como la Sinaptofisina (SYP) y la proteína asociada a los microtúbulos- 1 (MAP-1), en el hipocampo de ratas sometidas a estrés. Indicando que la expresión de las proteínas SYP y MAP-1 hipocampales modifican su expresión bajo la acción de la Venlafaxina (Xu *et al*, 2004). No obstante, proteínas como SYP y MAP-2, también presentan alteraciones en su expresión bajo condiciones de tratamiento conductual con Ambiente Enriquecido (Sepúlveda-Angulo *et al.*, 2012*)*, sugiriendo al enriquecimiento ambiental como una alternativa en el tratamiento de la Depresión (Nithianantharajah & Hannan, 2006).

Por lo anteriormente expuesto, se puede plantear que la respuesta de las neuronas a los fármacos es muy amplia, compleja y puede alterar estructura, expresión y la fisiología celular, dependiendo del modelo biológico. No obstante, es un acercamiento para explicar la actividad farmacológica de drogas dos antidepresivas.

También han sido descritos otro tipo de células que pueden representar blancos terapeúticos para las drogas antidepresivas, uno del os más estudiados son los astrocitos que al ser tratados con imipramina, otro fármaco antidepresivo (Kim *et al.*, 2011), modifican su morfología rápidamente por el tratamiento. Cambios similares fueron observados en nuestro estudio, en los cuales se observaron retracción de las neuritas y el desprendimiento del sustrato de las neuronas tratadas con Venlafaxina y Fluoxetina.

En el aspecto bioquímico se han analizado marcadores neuronales bajo tratamiento con Venlafaxina y Fluoxetina (Cabras, 2010), revelando que se presenta un incremento en la enolasa específica de neuronas y neurofilamentos (NSE), mientras que la expresión de la proteína acídica fibrilar glial (GFAP) y la nestina no se ven modificadas por el tratamiento. Estos resultados confirman la función de los astrocitos en la neurogénesis y sugieren que estas células podrían representar uno de los blancos para los antidepresivos.

Los estudios anteriormente mencionados muestran que el entendimiento de los mecanismos de capacidad de recuperación al estrés ofrecen una nueva dimensión crucial para el desarrollo de tratamientos fundamentalmente novedosos (Krishnan, 2008).

V. CONCLUSIONES Y PERSPECTIVAS

La fisiopatología de la Depresión es un reto difícil, pues los síntomas son heterogéneos y sus orígenes diversos, pero además, síntomas como la sensación de culpabilidad y las tendencias al suicidio son imposibles de reproducir en modelos de estudio de la Depresión. Pese a ello, otros síntomas han sido modelados de forma acertada, y éstos en conjunto con los datos proporcionados por la clínica, permiten un acercamiento para una mejor comprensión de la neurofisiología de la Depresión. Actualmente, los estudios combinan técnicas variadas como las conductuales, celulares, moleculares y electrofisiológicas para revelar ciertos aspectos de este trastorno, los cuales han llevado a sugerir la existencia de cambios neuroplásticos maladaptativos que pudieran ser inducidos por el estrés en circuitos neurales específicos.

Los fármacos antidepresivos inducen estrés neuronal que se refleja en alteraciones estructurales a nivel celular, ello parece contribuir a la conducta y a la dependencia farmacológica, ya que es continuo el estrés neuronal inducido por los fármacos antidepresivos.

Los resultados de esta investigación fundamentan que debe existir una formulación adecuada de los fármacos antidepresivos o proponer rearreglos en las estructuras químicas de estos compuestos para minimizar o atenuar el estrés neuronal.

Finalmente, proponemos la evaluación de un tratamiento con enriquecimiento ambiental a largo plazo en modelos animales de depresión, para evaluar su respuesta y los efectos de éste sobre la expresión de moléculas asociadas con el citoesqueleto neuronal: MAP-2 y SYP, proteínas que se ven también modificadas en su expresión en la Depresión.

VI. REFERENCIAS

Ajkowska, G., Miguel-Hidalgo, J.J., Wei, J., Dilley, G., Pittman, S.D. Meltzer, H.Y. (1999). Morphometric evidence for neuronal and glial prefrontal cell pathology in major depression. *Biological Psychiatry*, 45:1085–1098.

American Psychiatric Association. DSM-IV, *Diagnostic and statistical manual of mentaldisorders*. 4 ed. Washington: *APA*; 1994. p. 345-59.

Bal-Klara, A. & Bird, M.M. (1990). The effects of various antidepressant drugs on the fine-structureof neurons of the cingulate cortex in culture. Neuroscience. 1990;37(3):685-92.

Berton, O. & Nestler, E.J. (2006). New approaches to antidepressant drug discovery: beyond monoamines. *Neture Reviews: Neuroscience*, 7:137-51.

Binder, L.I., Frankfurter, A., Rebhun, L.L. (1985). The distribution of tau in the mammalian central nervous system. *Journal of Cell Biology*, 101:1371-1378.

Cabras, S., Saba, F., Reali, C., Scorciapino, M.L., Sirigu, A., Talani, G., Biggio, G., Sogos, V. (2012). Antidepressant Imipramine Induces Human Astrocytes To Differentiate Into Cells With Neuronal Phenotype. *The International Journal Of Neuropsychopharmacology*,13(5):603-15.

Canals, S., Larrosa, B., Pintor, J., Mena, M.A., Herreras, O. (2008). Metabolic Challenge To Glia Activates An Adenosine-Mediated safety mechanism that promotes neuronal survival by delaying the onset of spreading depression waves. *Journal of cerebral blood flow and metabolism: official journal of the international society of cerebral blood flow and metabolism,* 28(11):1835-44.

Carlezon WA Jr, Duman RS, Nestler EJ.(2005). The many faces of CREB. *Trends in Neuroscience,*28:436-45.

Carroll, R.C. & Zukin, R.S. (2002). NMDA-receptor trafficking and targeting: implications for synaptic transmission and plasticity. *Trends in Neuroscience,* 25(11):571-577.

Castillo-Quan, J.J. ,Barrera-Buenfil, D.J., Pérez-Osorio, J.M., Álvarez – Cervera, F.J. (2010). Depresión y diabetes: de la epidemiología a la neurobiología. *Revista de Neurobiologia,* 51:347-359.

Cecconi, D., Mion, S. Astner, H., Domenici, E., Righetti, P.G., Carboni, L. (2007). Proteomic analysis of rat cortical neurons after fluoxetine treatment. *Brain Research,* 2;1135(1):41-51.

Cid-Arregui, A., De Hoop, M., Dotti, Cg. (1995). Mechanism of neuronal polarity. *Neurobiol Aging,* 16:239-243.

Czéh B. Y Simon M. (2005). *Neuroplasticity And Depression. Psychiatria Hungarica*: A Magyar Pszichiátriai Társaság Tudományos Folyóirata, 20(1):4-17

Davidson J.R. (2000). Anxiety, *Depression,And Emotion. Oxford University Press.*Pp. 3-50.

Drevets, W. C. (2001). Neuriomaging and Neuropatholigical studies of depression: implications for the cognitive-emotional features of mood disorders. *Current Opinion in Neurobiolgy,* 11(2):240-9.

Duman, R.S., Heninger, G.R. & Nestler, E.J. (1997). A molecular and cellular theory of depression. *Archives of General Psychiatry,* 54(7):597-606.

Evans, D.L., Charney, D.S., Lewis, L., Golden, R.N., Gorman, J.M., *et al.* (2005). Mood disorders in the medically ill: scientific review and recommendations. *Biological Psychiatry,* 58:175-89.

Gelenberg, A.J. (2010). Depression Symptomatology And Neurobiology. *Journal Of Clinical Psychiatry,* 71(1).

Gildengers, A.G., Whyte, E.M., Drayer, R.A., Soreca, I., Fagiolini, A., Kilbourne, A.M., Houck, P.R., Reynolds, C.F. 3rd., Frank, E., Kupfer, D.J., Mulsant, B.H. (2008). Medical burden in late-life bipolar and major depressive disorders. *The American Journal of Geriatric Psychiatry: The official Journal of the American Association for Geriatric Psychiatry,* 16:194-200.

Hasler G, Northoff G. (2011). Discovering imaging endophabotypes for major depression. *Molecular Psychiatry,* 16:604-19.

Hospital de Especialidades del Centro Médico Nacional Siglo XXI del Instituto Mexicano del Seguro Social (IMSS).

Hossein, F.S., Laurence, A.J., Araghi-Niknam, M., Stary, M.J. *et al.* (2004). Glial fibrillary acidic protein is reduced in cerebellum of subjects with major depression, but not schizophrenia. *Schizophrenia Research,* 69(2-3):317-323, 2004.

Hu, H., Real, E., Takamiya, K., Kang, M.G., Ledoux, J., Huganir R. L., Malinow, R. (2007). Emotion enhances learning via norepinephrine regulation of AMPA-receptor trafficking. *Cell,* 131:160-73.

Jaffe, E.H. (1998). Ca2+ dependency of serotonin and dopamine release from CNS slices of chronically isolated rats. *Psychopharmacology(Berl)*, 139(3):255-260.

Jiménez-Rubio, G., Bellon-Velasco, A., Ortíz–López, L. Ramírez-Rodríguez, G. Ortega-Soto, H., Benítez-King, G. (2007). *Salud Mental*, 30: 2.

Kendler, K.S., Karkowski, L.M. & Prescott, C.A. (1999). Causal relationship between stressful life events and the onset of major depression. *The American Journal of Psychiatry,* 156(6):837-41.

Kim, Y., Kim, S.H., Kim, Y.S., Lee, Y.H., Ha, K., Shin, S.Y. (2011). Imipramine activates glial cell line-derived neurotrophic factor via early growth response gene 1 in astrocytes. *Progress in Neuropsychopharmacology & Bological Psychiatry*, 35:1026-32.

Knol, M.J., Twisk, J.W., Beekman, A.T., Heine, R.J., Snoek, F.J., Pouwer, F. (2006). Depression as a risk factor for the onset of type 2 diabetes mellitus. A meta-analysis. *Diabetologia,* 49:837-45.

Kornhuber, J., Retz, W. & Riederer, P. (1995). Slow accumulation of psychotropic substances in the human brain. Relationship to therapeutic latency of neuroleptic and antidepressant drugs? *Journal Of Neural Transmission. Supplementum,* 46:315-323.

Krishnan, V., Nestler, E.J. (2008). The Molecular Neurobiology Of Depression. *Nature,* 455:894-902.

Laemmli, U.K. (1970). Cleavage of structural proteins during the assembly of the head of bacteriophage T4. *Nature,* 227:680-685.

LISTA-VARELA A. (2003). *Serotonin and antidepressant treatments: new issues about the therapeutic mechanism of action.* VERTEX, 14;25-29.

López-León, S., Janssens, A.C., González-Zuloeta, Ladd, A.M., Del-Favero J., Claes, S.J., Oostra, B.A., van Duijn, C.M. (2008). Meta-analyses of genetic studies on major depressive disorder. *Molecular Psychiatry,* 13(8):772-85.

Lu, X.Y., Kim, C.S., Frazer, A., Zhang, W.. (2006). Leptin: a potential novel antidepressant. *Proceedings of the National Academy of Sciences of the United States of America,*103:1593-8.

Luo, L. (2002). Actin cytoskeleton regulation in neuronal morphogenesis and structural plasticity. *Annual Review of Cell and Developmental Biology,*18:601-635.

Lutter, M., Sakata, I., Osborne-Lawrence, S., Rovisnky, S. A., Anderson, J. G., Jung, S., Birnbaum, S., Yanagisawa, M., Elmquist, J. K., Nestler EJ, Zigman JM. (2008). The orexigenic hormone ghrelin defends against depressive symptoms of chronic stress. *Nature Neuroscience,* 11:752-3.

Mattson, M.P. (1988). Neurotransmitters in the regulation of neuronal cytoarchitecture. *Brain Research Review,* 13:179-212.

Mayberg, H.S., Lozano, A.M., Voon, V., McNeely, H.E., Seminowicz D., Hamani, C., Schwalb, J.M., Kennedy, S.H. (2005). Deep brain stimulation for treatment-resistant depression. *Neuron,* 45:651-60.

McEwen, B.S. & Olie, J.P. (2005). Neurobiology of mood, anxiety, and emotions as revealed by studies of a unique antidepressant: tianeptine.*Molecular Psychiatry,* 10(6):525-537.

Mill J, Petronis A. (2007). Molecular studies of major depressive disorder: the epigenetic perspective. *Molecular Psychiatry,* 12(9):799-814.

Nestler, E.J., Barrot, M., DiLeone, R.J., Eisch, A.J., Gold, S. J., Monteggia, L.M. (2002). Neurobiology of depression. *Neuron,* 28;34:13-25.

Nestler, E.J. & Carlezon, W.A. Jr. (2006). The mesolimbic dopamine reward circuit in depression. *Biological Psychiatry,* 59:1151-9.

Nithianantharajah, J., Hannan, A.J. (2006). Enriched environments, experience-dependent plasticity and disorders of the nervous system. *Nature Reviews Neuroscience,* 79:697-709.

Noriega-Luna, B., Sabanero-López, M., Sosa, M., Ávila-Rodriguez, M. (2011). Influence of pulsed magnetic fields on the morphology of bone cells in early stages of growth. *Micron,* 42; 600–607.

Oakley, B.R. (2000). An abundance of tubulins. *Trends in Cell Biology,* 10:537-42.

Pittenger, C. & Duman, R.S. (2008). Stress, depression, and neuroplasticity: a convergence of mechanisms. *Neuropsychopharmacology,* 33:88-109.

Reines, A., Cereseto, M., Ferrero, A., Bonavita, C. ,Wikinski, S. (2004). Neuronal cytoskeletal alterations in an experimental model of depression. *Neuroscience,* 129:529–538.

Reinsch, S.S., Mitchison, T.J., Kirschener, M. (1991). Microtubule Polymer assembly and transport during axonal elongation. *Jorunal of Cell Biology,*115:365-379.

Rush, A.J. (2007). The varied clinical presentations of major depressive disorder. *The Jorutnal of Clinical Psychiatry,* 68 Suppl 8:4-10.

Sapolsky, R.M., Uno, H., Rebert, C.S., Finch, C.E. (1990). Hippocampal damage associated with prolonged glucocorticoid exposure in primates. *Journal of Neuroscience,* 10:2897-2902.

Sepúlveda-Angulo, M.T., Sabanerlo-López, M., Quirarte, G.L., Ramírez-Emiliano, J., Solís-Ortíz, M.S. (2012). Efecto del Ambiente Enriquecido sobre la Memoria Espacial y las proteínas MAP-2 y Sinaptofisina hipocampales en ratones hembra maduras. *Tesis Doctoral* .Presentada en el Dpto. de Investigaciones Médicas, de la División de Ciencias de la Salud, Universidad de Guanajuato, para obtención de grado de Doctor en Ciencias Médicas.

Schlaepfer, T.E., Cohen, M.X., Frick, C., Kosel, M., Brodesser D., Axmacher N., Joe AY, Kreft M, Lenartz D, Sturm V. (2008). Deep brain stimulation to reward circuitry alleviates anhedonia in refractory major depression. *Neuropsychopharmacology,* 33:368-77.

Schildkraut, J.J. (1968). The catecholamine hypothesis of affective disorders: a review of supporting evidence. *Ameriacan Journal of Psychiatry,* 122(5):509-522.

Towbin, H., Staehelin, T. y Gordon, J. (1979). Electrophoretic transfer of proteins from polyacrylamide gels to nitrocellulose sheets: procedure and some applications. *Proceedings of the National Academy of Sciences of the United States of America,* 76:4350-4354.

Trifaro JM, Vitale ML. (1993). Cytoskeleton dynamics during

neurotransmitter release. *Trends in Neuroscience,* 16:466-472.

Trivedi, M.H., Rush, A.J., Wisniewski, S.R., Nierenberg, A.A., Warden, D., Ritz, L., Norquist, G., Howland, R.H., Lebowitz, B., McGrath P. J., Shores-Wilson, K., Biggs, M. M., ,Balasubramani, G. K., Fava, M.; STAR*D Study Team. (2006). Evaluation of outcomes with citalopram for depression using measurement-based care in STAR*D: implications for clinical practice. *The American Journal of Psychiatry,* 163(1):28-40.

Vaidya, V.A., Siuciak, J.A., Du, F., Duman, R.S. (1999). Hippocampal mossy fiber sprouting induced by chronic electroconvulsive seizures. *Neuroscience* 1999, 89(1):157-166.

Wang, H. y Olsen, R.W. (2000). Binding of the GABA(A) receptor associated protein (GABARAP) to microtubules and microfilaments suggests involvement of the cytoskeleton in GABARAP-GABA(A) receptor interaction. *Journal of Neurochemistry,* 75:644-655.

Xu, F., Luk, C., Richard, M.P., Zaidi, W., Farkas, S., Getz, A., Lee, A., van Minnen, J., Syed, N.I. (2010). Antidepressant fluoxetine suppresses neuronal growth from both vertebrate and invertebrate neurons and perturbs synapse formation between Lymnaea neurons. *European Journal of Neuroscience.* 31:994-1005.

Xu, H., He, J., Richardson, J.S., Li, X.M. (2004). The response of synaptophysin and microtubule-associated protein 1 to restraint stress in rat hippocampus and its modulation by venlafaxine. *Journal of Neurochemistry,* 91(6):1380-1388, 2004.

I want morebooks!

Buy your books fast and straightforward online - at one of world's fastest growing online book stores! Environmentally sound due to Print-on-Demand technologies.

Buy your books online at
www.morebooks.shop

¡Compre sus libros rápido y directo en internet, en una de las librerías en línea con mayor crecimiento en el mundo! Producción que protege el medio ambiente a través de las tecnologías de impresión bajo demanda.

Compre sus libros online en
www.morebooks.shop

KS OmniScriptum Publishing
Brivibas gatve 197
LV-1039 Riga, Latvia
Telefax: +371 686 204 55

info@omniscriptum.com
www.omniscriptum.com

www.ingramcontent.com/pod-product-compliance
Lightning Source LLC
Chambersburg PA
CBHW031552210526
45464CB00003B/1265